Inhaltsverzeichnis

Katzenleidenschaft

„Katzen wurden in die Welt gesetzt, um das Dogma zu widerlegen, alle Dinge seien geschaffen, um den Menschen zu dienen", lautet ein weiser Spruch. Wer meint, ganz allein unter der Fuchtel einer Katze zu stehen, irrt. Es gibt unzählige Menschen, die sich freiwillig in die Sklaverei begeben haben. Und es werden täglich mehr. „Ein Hund sitzt neben dir, während du arbeitest. Eine Katze sitzt auf deiner Arbeit", notierte die Lyrikerin Pam Brown. Besser kann man es eigentlich nicht ausdrücken. Auch wenn das Leben mit ihnen oft nicht einfach ist, will niemand, der einmal der Katzenleidenschaft verfallen ist, je wieder ohne einen schnurrenden Hausgenossen sein. Wer klug ist, kann dabei einiges von seiner Katze lernen. Zum Beispiel, das Leben zu genießen. Würden wir manchmal nicht auch gern so lustvoll faulenzen wie sie? Der große Robert Gernhardt hat das ganz schlau erkannt: „Von einer Katze lernen – heißt siegen lernen – wobei siegen ‚locker durchkommen' meint – also praktisch: liegen lernen."

Prominente Katzenliebhaber

Erich Kästner: Das schnurrende Arbeitszimmer

„Es tut ihnen einfach wohl, wenn andere Leute arbeiten", schrieb Erich Kästner über seine Lieblinge. „Dann genießen sie ihr eigenes Nichtstun doppelt und dreifach." Die hier erwähnten Nichtstuer namens Lollo, Anna, Pola und Butschi traten am liebsten in Erscheinung, wenn der Schriftsteller an seinem Schreibtisch saß. Dann leisteten sie ihm Gesellschaft. Unter den wachsamen Augen seiner Vierbeiner schuf Kästner Kinderbuch-Klassiker wie „Emil und die Detektive", „Das fliegende Klassenzimmer" und „Das doppelte Lottchen". Vielleicht inspirierten sie ihn ja sogar. Für den Autor war es jedenfalls „eine Ehre und ein Vergnügen, Katzen halten zu dürfen". Oft fragte er sich, was in den Köpfen seiner Katzenfamilie vorgeht: „Vielleicht denken sie: ‚Da rackert er sich nun ab, damit er uns frisches Schabefleisch kaufen kann!'"

Elke Heidenreich: Nero, der Ernährer

Irgendwann war Kater Nero zum Ernährer seiner Menschenfamilie geworden. Das konnte auch Elke Heidenreich nur schwer bestreiten, denn ohne Nero gäbe es wohl auch nicht „Nero Corleone", ein Katzenbuch, das zum Bestseller wurde. „Ich habe mit ‚Nero Corleone' so viel verdient, dass ich in meinem ganzen Leben nicht mehr arbeiten muss." Zum Dank gab es Kekse

und Dosenfutter. Ihre zweite Katze, Rosa, spielte ebenfalls eine tragende Rolle in dem Katzenroman, der Neros lange Reise von Italien nach Deutschland und wieder zurück schildert. Warum ausgerechnet ein Katzenbuch? „Ich kann nun mal nicht über Hasen schreiben, wenn ich mit Katzen zusammenlebe", lautet die einleuchtende Erklärung. Die als „Else Stratmann" berühmt gewordene Fernsehmoderatorin lebte immer mit Katzen zusammen. Nero, der inzwischen nicht mehr unter uns weilt, wurde wie ihre anderen Tiere im Heidenreich'schen Garten zur letzten Ruhe gebettet. „Jetzt habe ich nur noch eine sehr alte, eigenwillige Katze namens Fräulein Pepi. Die liebt mich, egal, ob ich erfolgreich bin oder nicht."

Florence Nightingale: Bleibende Spuren in Tinte

Eigentlich hätte Florence Nightingale das Leben einer gut betuchten Dame der High Society führen können. Stattdessen wurde sie als Pionierin der Krankenpflege unter dem Namen „Engel der Barmherzigkeit" berühmt. Den Wert einer Katze lernte sie während des Krimkriegs schätzen, in dem sie als Krankenschwester ihr Leben aufs Spiel setzte. Ohne Katzen wären die Verwundeten in den Lazaretten schutzlos den Ratten ausgeliefert gewesen, die sich auf den Schlachtfeldern tummelten. Nach dem Krieg, der ihre Gesundheit ruiniert hatte, bekam sie einen Wurf junger Perserkatzen geschenkt. Während sie ihre Bücher verfasste, saßen die Katzen auf ihrer Schulter oder kletterten übers Papier und verewigten in der noch feuchten Tinte ihre Pfotenabdrücke. Ihre Mahlzeiten bekamen sie auf kostbarem Porzellan serviert. Die Katzenklos enthielten importierten Sand. In ihrem langen Leben hatte die große Wohltäterin 60 Katzen, die ihr viel treuer ergeben waren als die Menschen, für die sie so viel Gutes getan hatte. Als sie mit 90 starb, blieben ihr nur ihre vierbeinigen Freunde.

Ernest Hemingway: Der polydaktyle Macho

Schriftsteller Ernest Hemingway stellte sich gern als Obermacho und Großwildjäger in Pose. Privat war er Wachs in den Pfoten seiner Katzen: „Katzen erreichen mühelos, was uns Menschen versagt bleibt: durchs Leben zu gehen, ohne Lärm zu machen." In seinem ehemaligen Haus in Key West, das heute ein Museum ist, tummeln sich über 60 Katzen, von denen viele auf den Kater Snowball zurückgehen, den der Literaturnobelpreisträger 1930 von einem Schiffskapitän geschenkt bekam. Das Besondere an Snowball war, dass er statt der normalen fünf Zehen sechs hatte. Snowballs Nachkommen sind auch unter dem Begriff „polydaktyle Hemingway-Katzen" bekannt. An der Ostküste der USA kommen diese Katzen relativ häufig vor.

Die Wahrheit über Hemingways Schreibblockaden.

Sir Winston Churchill: Hammelfleisch und Schlagsahne

Die Katzenliebe des britischen Premierministers Churchill ist heute legendär. Er hatte in seinem Leben immer mindestens eine Katze an seiner Seite. Während des 2. Weltkriegs nahm er seinen Lieblingskater Nelson sogar zu Kabinettsbesprechungen mit. Sein persönlicher Referent erinnerte sich: „Ich aß mit dem Premierminister und der gelben Katze, die rechts neben ihm in einem Sessel saß und den größten Teil seiner Aufmerksamkeit auf sich zog. Während Churchill über seine Rückzugspläne aus dem Mittleren Osten nachdachte, unterhielt er sich ständig mit der Katze, säuberte ihre Augen mit seiner Serviette, fütterte sie mit Hammelfleisch und drückte sein Bedauern darüber aus, dass er ihr keine Schlagsahne anbieten konnte." Als Churchill starb, wachte sein letzter Kater Jock an seinem Totenbett.

T. S. Eliot: Feuerfurzfickel und seine Freunde

Ursprünglich schrieb der Dichter T. S. Eliot „Old Possums Katzenbuch"
für seine Patenkinder. Die dort versammelten Gedichte und Katzen, die
wohlklingende Namen wie Katzastrophal, Lady Knirschebein, Grimmtiger,
Feuerfurzfickel und Schleckerjan tragen, wurden vor allem im englisch-
sprachigen Raum zum Klassiker. Der Nobelpreisträger, Katzenliebhaber und
notorische Scherzbold, der seine Gäste gern mit Furzkissen und explodie-
renden Zigarren überraschte, ahnte nicht, dass sein Werk Jahrzehnte später
den Komponisten Andrew Lloyd Webber zu einem Musical namens „Cats"
inspirieren sollte.

Welcher Typ Katzenbesitzer sind Sie?

Sind Sie ein Katzenfreund, ein Katzenfan oder sogar schon ein Katzenfreak? Schütteln Ihre Mitmenschen den Kopf oder rollen die Augen, wenn Sie über Ihren Liebling sprechen? Anhand unseres speziellen Psychotests können Sie ganz schnell herausfinden, wie es um Ihre Tierliebe bestellt ist.

1. Was tun Sie, wenn Ihr Partner unter einer Katzenallergie leidet?

a) Ich tausche die Katze gegen einen Hund.

b) Ich tausche meinen Partner gegen einen Hund.

c) Was soll die Frage? Meine Katze ist mein Partner!

2. Haben Sie ein Foto Ihrer Katze in der Brieftasche?

a) Ich nehme meine Katze überallhin mit – sogar ins Freibad.
   Da kann ich auch ohne Foto überleben.

b) Da ich mir ein Portrait meiner Katze auf den Bauch tätowieren ließ, kann ich sie
   jederzeit im Toilettenspiegel betrachten, wenn ich Sehnsucht habe.

c) Meine Katze verwaltet die Brieftasche.

3. Wie reagieren Ihre Freunde, wenn Sie von Ihrer Katze erzählen?

a) Sie laufen ganz schnell weg.

b) Freunde? Welche Freunde?

c) Sie schwärmen und träumen mit mir um die Wette.

4. Was machen Sie, wenn Ihre Katze bei Ihnen im Bett schlafen will?

a) Meine Katze schläft immer zwischen mir und meinem Partner.
   Seitdem läuft es zwischen uns auch bedeutend besser.

b) Ich spreche zuerst über Bienen und Blumen mit ihr.

c) Meine Katze schläft allein im Bett. Ich begnüge mich mit dem Sofa.

5. Hat Ihre Katze eine eigene Facebook-Seite?

a) Seit sie mich aus ihrer Freundesliste gestrichen hat, ist mir das egal.

b) Ja. Und außerdem hat sie dort viel mehr Freunde als ich.

c) Weiß ich nicht. Meine Katze sitzt ständig auf der Tastatur.

6. Was passiert, wenn Ihre Katze eine tote Maus anschleppt?

a) Ich hole sofort meine Kamera und stelle das Video ins Internet.

b) Ich lasse die Maus ausstopfen und stelle sie zu den anderen auf den Kamin.

c) Ich bereite sie schmackhaft zu und wir verspeisen sie gemeinsam bei einem romantischen Candle-Light-Dinner.

7. Wie reagieren Sie, wenn Ihre Katze eine neue Futtersorte nicht mag?

a) Ich fange ihr in Zukunft jeden Tag eine Maus.

b) Ich bitte sie unter Tränen um Verzeihung.

c) Ich kaufe mir das Buch „Kochen für die Katz" und bereite ihr daraus jeden Tag etwas Leckeres zu.

8. Was machen Sie, wenn Ihre Katze Junge bekommt?

a) Ich staune. Vor allem, weil ich einen Kater habe.

b) Ich heure einen Privatdetektiv an, um herauszubekommen, wer der Vater ist und verklage seinen Besitzer auf Unterhalt.

c) Ich lade alle Kollegen, Freunde und Verwandten auf ein Glas Prosecco ein.

9. Was unternehmen Sie, wenn Ihre neue Katze nicht stubenrein ist?

a) Ich gehe in die Kirche und bete.

b) Ich vertraue auf die Weisheit meiner Katze und pinkle ebenfalls in meine Schuhe.

c) Ich ziehe in eine andere Wohnung.

10. Was tun Sie, wenn Ihre Katze weggelaufen ist?

a) Ich arbeite das Trauma in einem Töpferkurs auf.

b) Ich schalte „Aktenzeichen XY" ein, um sie wiederzufinden.

c) Ich laufe ebenfalls weg.

Auswertung:

Hauptsächlich a):

Fast könnte man von einer zerrütteten Beziehung sprechen. Wer seiner Katze so wenig entgegenkommt wie Sie, sollte lieber einen Kaktus halten, statt einen Stubentiger. Geben Sie sich doch bitte mehr Mühe. Oder: Wechseln Sie die Seiten und kaufen Sie sich einen Hund! Der wäre mit Ihrer Fürsorge mehr als glücklich.

Hauptsächlich b):

Sie sollten Ihrer Katze wirklich dankbar sein, denn durch sie bleiben Sie gesund und fit, sparen sich den Psychotherapeuten, teure Einladungen für Freunde und Bekannte, und sogar den Lebenspartner kann sie Ihnen bis zu einem gewissen Grad ersetzen.

Hauptsächlich c):

Sie lesen Ihrem Haustier wirklich jeden Wunsch von den Augen ab. Bei Ihnen fühlt sich eine Katze wie eine Prinzessin, die auf Händen getragen wird. Ihr ganzes Leben dreht sich nur um Ihren Vierbeiner. Fast könnte man Sie als Katzenflüsterer bezeichnen. Ihre Katze ist aber auch nicht ohne: In Sachen Menschenmanipulation hat sie eine glatte Eins mit Stern verdient.

Populäre „Katzen-Irrtümer"

Bringen schwarze Katzen Pech?

Höchstens, wenn man eine Maus ist. Es ist schon erstaunlich, wie hartnäckig sich Vorurteile und Missverständnisse über Katzen in unserem kollektiven Bewusstsein festgesetzt haben. Gegen Dummheit ist eben kein Katzengras gewachsen. Doch einige dieser Irrtümer klingen auf den ersten Blick gar nicht so abwegig, wie man sieht.

Katzen haben Angst vor Wasser

Wie Hunde können auch Katzen schwimmen. Da ihr Fell jedoch wesentlich langsamer trocknet und Katzen wegen ihrer geringen Körpermasse schneller auskühlen als ein Hund, wird eine Katze, die schon mal so richtig durchnässt war, vermeiden, dass sich dies wiederholt. Zudem haben es Katzen nicht nötig, sich im Wasser zu reinigen, da ihr Speichel diese Aufgabe wesentlich besser erledigt. Davon abgesehen haben Katzen keine Angst vor Wasser. Man denke nur an Schiffskatzen. Katzen sind auch begabte Angler, die mit ihren geschickten Pfoten so manch dicken Fisch an Land ziehen können.

Katzen können im Dunkeln sehen

Diese Legende aus dunkelster Vorzeit ist offenbar nicht totzukriegen. Natürlich können Katzen in absoluter Dunkelheit ebenso wenig sehen wie wir. Ihre Augen können das vorhandene Licht nur besser verarbeiten. Da sie im Gegensatz zu uns nachtaktive Wesen sind, hat die Natur ihre

Netzhaut mit einer spiegelähnlichen Schicht versehen, die Lichtstrahlen ein zweites Mal reflektiert. Deshalb wirkt es auch so, als würden ihre Augen nachts leuchten. Um das Dämmerlicht besser aufzufangen, weiten sich die Pupillen, die tagsüber nur schmale senkrechte Schlitze sind. In einem fensterlosen Raum sind Katzen jedoch ebenso blind wie wir.

Kastrierte Katzen werden faul und träge

Die alte Weisheit „Ein guter Hahn wird nicht fett", lässt sich nicht so einfach auf Katzen übertragen. Eine Kastration führt daher nicht automatisch dazu, dass Katzen zu lebenden Sofakissen mutieren. Allerdings haben die Katzen durch die Kastration nun viel mehr Zeit, die vorher für die Partnersuche, Kämpfe mit Rivalen und die Aufzucht der Jungen verwendet wurde. Oft stehen nach einer Kastration die Mäusejagd und der Spieltrieb im Mittelpunkt des Katzenlebens. Falls das Kätzchen fett und faul wird, liegt das meist an der Ernährung.

Katzen landen immer auf ihren Pfoten

Ein Mythos, der vielen Katzen zum Verhängnis wurde, ist der Irrglaube, dass Katzen immer sicher auf ihren Pfoten landen. Im Namen der Wissenschaft wurde deshalb so manche Katze zu Tode gestürzt. Fest steht, dass Katzen über einen außerordentlichen Gleichgewichtssinn verfügen, der es ihnen ermöglicht, in Windeseile ihren Körper so zu drehen, dass sie sicher auf allen vieren landen.

Ist die Fallhöhe gering, hat die Katze meist nicht die Zeit, ihren Sturz zu bremsen; ist sie dagegen zu hoch, kann ihr auch ihre akrobatische Begabung nicht mehr helfen.

Katzen trinken Milch

Wer meint, seiner Katze etwas Gutes zu tun, wenn er ihr täglich ein Schälchen Milch hinstellt, irrt. Katzen trinken lieber frisches Wasser. Die Natur hat es schließlich so vorgesehen. Wie sollte eine Katze auch sonst an Kuhmilch kommen? Der Brauch, Katzen Milch zu geben, stammt aus der Landwirtschaft. Milch ist schließlich auch für Menschen gesund, dachte man. Bei erwachsenen Katzen führt Milch jedoch oft zu Magen- und Darmproblemen, da ihr Stoffwechsel die darin enthaltene Laktose nicht abbauen kann.

Hunde und Katzen vertragen sich nicht

Der Spruch „Zwei wie Hund und Katze" ist so alt, wie er falsch ist. Meist vertragen sich Hunde und Katzen nämlich sehr gut. Und selbst wenn es wegen der Verständigungsprobleme zwischen ihnen zum Streit kommt, geht so etwas fast immer glimpflich aus. Auf Bauernhöfen führen Hunde und Katzen schließlich seit Jahrhunderten eine friedliche Koexistenz. Die Chance, dass sich die beiden ungleichen Hausgenossen mit der Zeit aneinander gewöhnen, ist also sehr hoch. Wenn Hunde und Katzen miteinander aufwachsen, ist es sogar noch unkomplizierter.

10 gute Gründe, das Leben mit einer Katze zu teilen

1. Man muss bei Regen nicht mit ihr Gassi gehen.

2. Niemand ist so zärtlich wie eine Katze.

3. Man muss nie mehr Angst vor Mäusen haben.

4. Man kann mit ihr seinen Spieltrieb ausleben.

5. Eine Katze ist das einzige Tier, das allein aufs Klo gehen kann.

6. Auf die Liebe einer Katze darf man sich etwas einbilden.

7. Katzen sind deutlich flauschiger als Wärmflaschen.

8. Eine Katze sorgt dafür, dass man öfter neue Möbel und Gardinen kauft.

9. Das Schnurren einer Katze wirkt beruhigend.

10. Man kann von Katzen lernen, das Leben zu genießen.

Lumpi und Schnurrle unterhalten sich

Schnurrle: Sag mal, wo wir unter uns sind:
Warum bist du eigentlich so ein verbissener
Streber?

Lumpi: Streber? Na, das finde ich jetzt über-
trieben. Ein wenig konservativ vielleicht, das gebe ich zu. Aber mit mir
kann man auch eine Menge Spaß haben.

Schnurrle: Vielleicht. Wenn man es witzig findet, einem Stöckchen
hinterherzulaufen ...

Lumpi: Was soll ich machen? Ohne mich würde Herrchen NUR noch
vor der Glotze sitzen und Bier trinken. DU würdest bestimmt nicht
bei Wind und Wetter mit ihm vor die Tür gehen. Du mit deinem affigen
Katzenklo.

Schnurrle: Ach, und dass ICH ständig mit diesem langweiligen Wollknäuel
spielen muss, vergisst du dabei völlig. Ohne mich herrschte hier ganz dicke
Luft, wenn der Alte von der Arbeit heimkommt. Aber schwupps, sitze ich
auf seinem Schoß, ist alles wieder im Lot. Man kann sagen, dass ICH allein
für die gute Laune hier zuständig bin. Würdige das!

Der wahre Unterschied zwischen Hunden und Katzen.

Lumpi: Ich kann mich noch gut daran erinnern, wie ein gewisser Herr in einen Schuh gepinkelt hat, weil ihm das Futter nicht gepasst hat.

Schnurrle: Pah! Das sind doch alte Kamellen! Vergeben und vergessen. Zumindest bemühe ich mich, ETWAS Spannung in unseren Alltag zu bringen. Das ist mehr, als du von dir behaupten kannst!

Lumpi: Was soll ich machen? Ich bin schließlich sein bester Freund. Sein anderer bester Freund ist ja mit seiner Frau durchgebrannt. Deshalb hat er jetzt nur noch mich. Er tut mir eben leid, der arme Hund. Und außerdem: Wir können nicht alle radikale Anarchisten sein wie du. Wie soll so was enden? Du vergisst, wer uns das Futter bringt.

Schnurrle: Typisch! Du denkst auch immer nur ans Fressen! Ab und zu braucht der Alte einen Dämpfer. Und das ist eben meine Aufgabe. Außerdem ist zu viel Harmonie langweilig. Würde hier nur Friede, Freude, Eierkuchen herrschen, hätten wir bestimmt bald einen Papagei, damit wenigstens einer ab und zu Widerspruch einlegt.

Lumpi: Ein Papagei? Bloß nicht! Ich hörte mal, dass die Hunden in die Nase beißen!

Schnurrle: Zu Katzen sind die auch nicht viel netter.

Lumpi: Es wird Zeit, dass ich ihm wieder eine Frau beschaffe. Im Park habe ich bereits einige vielversprechende Kandidatinnen entdeckt. Das alte Hundeleinen-Verwickel-Spiel funktioniert einfach immer. Vor allem, wenn ich dabei meinen treuen Hundeblick einsetze!

Schnurrle: Du alter Kuppler!

Lumpi: Es wäre nur schön, wenn ein gewisser Herr nicht ständig alles sabotieren würde!

Schnurrle: Was kann ICH denn dafür, dass sie an einer Katzenallergie leidet? Außerdem hat sie einen verzogenen Sohn, der mich ständig am Schwanz gezogen hat.

Lumpi: Na, weißt du ... Herrchen ist kein Johnny Depp ... Wir können es uns nicht leisten, wählerisch zu sein.

Schnurrle: Still! Ich glaube, da kommt er!

Lumpi: War wieder ein ergiebiges Gespräch, alter Freund!

Schnurrle: Stimmt. Äh ... übrigens würde ich an deiner Stelle aufpassen, wenn du ihm seine Schuhe bringst. Das Futter hat mir heute gar nicht gefallen ...

Katzen-Esoterik

Auch New Age und Esoterik haben die Katzen für sich entdeckt. Es gibt Reiki-Kurse für Tiere, eine Edelsteinmassage für Katzen, spezielle Tarot-Karten und Diskurse über das Katzen-Chakra. Nicht wenige Esoterik-Anhänger behaupten, dass Katzen gut für unsere Gesundheit sind. Fakt ist: Schon das Schnurren einer Katze ist für unsere Ohren überaus angenehm. Der sanfte Brummton, der zwischen 27 und 44 Hertz liegt, kann sogar chronische Schmerzen lindern. Wissenschaftliche Untersuchungen haben gezeigt, dass bereits die bloße Anwesenheit einer Katze unseren Blutdruck senkt.

Maneko Neki

Laut Überlieferung wurde ein japanischer Herrscher dereinst durch eine scheinbar winkende Katze davon abgehalten, in eine Falle zu reiten. Das hatte Folgen: Im Eingangsbereich vieler japanischer Geschäfte und Restaurants kann man eine, oft mit vielen Ornamenten verzierte, „winkende Glückskatze" – in Japan „Maneko Neki" genannt – entdecken. Die meist aus Keramik geformten Skulpturen sollen durch das Winken mit ihrer Pfote Glück und Wohlstand bringen.

Feng Shui

Laut der fernöstlichen Lehre Feng Shui reinigen Katzen die Räume von aufgestauten Energien, die sich in den Ecken und Winkeln unserer vier Wände festsetzen können. Zudem bevorzugen sie als Ruheplätze Orte mit starker Erdstrahlung, Sha Shi genannt, die für Menschen schädlich ist, und weisen so auf Gefahrenquellen hin.

Schiffskatzen

Schon die Wikinger hatten bei ihren Raubzügen immer Katzen an Bord, um ihren Proviant vor Nagern zu schützen. Die schmale Planke, die das Schiff im Hafen mit dem Land verbindet, heißt noch heute „Katzensteg". Im Laufe der Jahre entwickelte sich die Katze zum Glücksbringer der Seeleute. Ein Schiff ohne Katze galt als verflucht. Wenn die Katze während des Schiffsgottesdienstes miaute, war dies das Zeichen für eine unheilvolle Reise; eine spielende Katze bedeutete Glück. Reinigte der Vierbeiner sein Fell gegen den Strich, wies dies auf einen Sturm hin. Eine niesende Katze war hingegen der Vorbote für Regen. All dies hinderte die Matrosen allerdings nicht daran, eine Schiffskatze auch als „Notration" zu betrachten.

Fünf Orte, die jeder Katzenliebhaber kennen sollte:

1. Das japanische Katzencafé

Ein Phänomen, das sich in Tokio zunehmender Beliebtheit erfreut, ist das sogenannte „Katzencafé". Gestresste Geschäftsleute können dort bei einer Tasse Tee knuddeln, was das Zeug hält. In der japanischen Millionenstadt,

in der die Menschen auf engstem Raum leben, sind Haustiere nämlich verpönt. Für viele Workaholics ist so ein Katzencafé die einzige Möglichkeit, zu ein paar ersehnten Streicheleinheiten zu kommen. Im bekanntesten dieser Lokale, dem „Calico Cat Cafe", gibt es zu jeder Katze sogar eine Kurzbiografie, die es dem Besucher erleichtern

soll, den idealen Schmusepartner zu finden – sonst wäre das Ganze vielleicht auch zu unpersönlich. Für günstige zehn Dollar die Stunde kann jeder mit der flotten Mieze seiner Wahl auf Tuchfühlung gehen. Tierschützer finden solche Cafés nicht nur wegen der mangelnden Hygiene bedenklich. „Endstation Katzenstrich", schrieb daher auch die „Süddeutsche Zeitung" zu dieser japanischen Modeerscheinung.

2. Die Kirche „San Giovanni dei Fiorentini" in Italien

„Die spinnen, die Römer", würde Asterix jetzt vielleicht denken. Doch die Stadt Rom betrachtet die vielen Straßenkatzen, die sich in ihren unzähligen Gassen tummeln, nicht als unerwünschte Streuner, sondern als Kulturgut. Als solches stehen sie unter dem besonderen Schutz der Ewigen Stadt. Die Straßenkatzen von Rom sind so beliebt, dass zu ihnen spezielle Fremden-führungen – „Cat Watching" genannt – angeboten werden. Rund 200 000 herrenlose Vierbeiner leben in den Kapitolshügeln, im Kolosseum, in den Kaiserforen und im Largo Argentina. Für sie wurde ein spezielles Katzen-telefon eingerichtet, mit dem Tierquälerei sofort zur Anzeige gebracht werden kann. Einmal im Jahr findet in der Kirche „San Giovanni dei Fiorentini" sogar ein Gottesdienst statt, an dem auch Katzen teilnehmen. Der Geistliche Monsignore Cancino bringt eigens dazu seinen kugelrunden Siamkater mit.

3. Das Katzenmuseum in Borneo

Katzenfreunde, die in Borneo weilen, sollten unbedingt die Stadt Kuching besuchen. „Kuching" ist malaiisch und bedeutet nichts anderes als „Katze". Wie der Ort zu diesem Namen kam, weiß heute keiner mehr so ganz genau. Jedoch wird man an jeder Straßenecke durch mehr oder weniger geschmackvolle Katzenskulpturen daran erinnert. Über allem thront, hoch auf einem Hügel, das einzige Museum, das der gemeinen Hauskatze gewidmet ist. Der Besucher muss durch ein riesiges Katzenmaul schreiten, um zu den unzähligen Exponaten zu gelangen. Der Stolz des Museums ist eine ägyptische Katzenmumie. Katzen wurden damals mit dem gleichen Aufwand mumifiziert wie Pharaonen und sogar in einem opulenten Sarg beerdigt. Nach diesem Highlight wird es rasch bodenständiger. Neben Dosenfutter, etlichen kitschigen Katzenfiguren und Portraits berühmter Katzenliebhaber findet der erstaunte Betrachter am Ende sogar schnöde Flohhalsbänder und Katzenklos. Helge Schneider wäre vermutlich entzückt.

4. Das Katzen-Luxushotel in Großbritannien

Für gut betuchte Briten, die zur Urlaubszeit ihre Katze nicht den Nachbarn überlassen wollen, gibt es jetzt *die* Alternative. Abi und Matt Purser aus Hertfordshire haben 2010 das erste Fünf-Sterne-Hotel nur für Katzen eröffnet. Jede Katze hat selbstverständlich eine eigene Suite, die individuell gestaltet wurde. Damit keine Langeweile aufkommt, gibt es rund um die Uhr eine dezente Musikberieselung. Die Katze von Welt kann zwischen Jazz und klassischer Musik wählen. Das Essen wird stilvoll mit dem Silbertablett auf wertvollem Porzellan serviert. Frisches Wasser gibt es aus einem Zimmerspringbrunnen. Auf der reichhaltigen Speisekarte steht Erlesenes wie Räucherlachs oder gedünstete Maräne. Neben all diesem Luxus gibt es auch einen Masseur, der dafür sorgt, dass die Katze in Form bleibt. Dazu bietet das Hotel ein reichhaltiges Animationsprogramm. Das Schönste jedoch: Auf Wunsch bekommt der Katzenhalter Urlaubskarten von seinem Schmusetiger zugeschickt, die ihn bei einer seiner zahlreichen Aktivitäten abbilden.

5. Das Moskauer Katzentheater

Das Schicksal des Zirkusclowns Yuri Kuklachev war besiegelt, als er eines Tages die Streunerkatze Koutchka auflas. Eigentlich lassen sich Katzen nicht dressieren, doch Kuklachev schaffte mit viel Liebe und Geduld das Unmögliche: Zusammen mit Koutchka wurde er zu einem Star des Moskauer Zirkus und bekam von höchster Stelle das Prädikat „Volkskünstler" verliehen. Nach dem Zusammenbruch der Sowjetunion eröffnete der gefeierte Clown sein eigenes Theater – ganz in der Nähe von Brezhnevs alter Nachbarschaft –, in dem seine Vierbeiner allabendlich ihre Kunststücke vorführen. Kuklachev lebte zeitweilig mit Frau, Kindern und 50 Katzen in einer bescheidenen Wohnung. Kein Wunder, dass sein Theater ein Familienbetrieb ist. Heute unternimmt er Tourneen in die ganze Welt, beschäftigt zwei Assistenten und einen Tierarzt. Seine Katzen füttert er jedoch noch selbst.

Katzen-Wissen

Wussten Sie schon, ...

… dass jede Katzennase so einmalig wie ein Fingerabdruck ist?

… dass es mehr als 500 Millionen Hauskatzen und ca. 40 verschiedene Katzen-
rassen auf der Welt gibt?

… dass das Herz einer Katze doppelt so schnell schlägt wie das eines Menschen?

… dass eine Katze im Laufe ihres Lebens über 100 Nachkommen gebären kann?

… dass eine Katze 230 Knochen und 517 Muskeln im Körper hat?

… dass Katzenhalter länger leben, Stress besser verarbeiten und weniger
Herzbeschwerden haben?

… dass die reichste Katze der Welt (durch eine Erbschaft) 250 000 Dollar
auf dem Bankkonto hat?

… dass Katzen mehr Schlaf brauchen als alle anderen Tiere, nämlich 16 Stunden
pro Tag?

… dass neugeborene Katzen in den ersten Tagen weder sehen noch hören können?

… dass Sir Isaac Newton nicht nur das Prinzip der Schwerkraft entdeckt,
sondern auch die erste Katzentür erfunden hat?

… dass der Geruchssinn einer Katze um das Vierzehnfache besser entwickelt ist,
als der des Menschen?

… dass lediglich 80% aller Katzen auf Katzenminze reagieren?

… dass die älteste Katze der Welt laut „Guinnessbuch der Rekorde" über 31 Jahre
alt geworden ist?

Was kaum einer wusste: Auch Honeckers Katze hatte Sonderprivilegien.

Katzengerechte Wohnorte

Echte Katzenfreunde wohnen in:

Katzenelnbogen
(Rheinland-Pfalz, Deutschland)

Katzenhirn
(Bayern, Deutschland)

Chatzesee
(Zürich, Schweiz)

Katzenloch
(Rheinland-Pfalz, Deutschland)

Katzelsdorf
(Niederösterreich)

Katzhütte
(Thüringen, Deutschland)

Katzwinkel
(Rheinland-Pfalz, Deutschland)

... während Katzen selbst am liebsten in der Nähe eines anderen Örtchens leben würden:

Mausloch
(Bayern, Deutschland)

Illustrationen und Text:
Karsten Weyershausen

Lizenzgeber/Bildagentur: Licensegarden®
www.licensegarden.com

© Korsch Verlag GmbH & Co. KG, Gilching, Juli 2011
Redaktion: Christine Guggemos
Gestaltung: Barbara Vath
Satz: Typoservice Drška, München
Lithografie: Repro Brüll, A-Saalfelden
Druck und Bindung: Druckerei Uhl GmbH & Co. KG, Radolfzell
Printed in Germany
ISBN 978-3-7827-6981-5

Verlagsverzeichnis schickt gern:
Korsch Verlag GmbH & Co. KG, Postfach 10 80, 82195 Gilching
www.korsch-verlag.de